BEI GRIN MACHT SICH IHR WISSEN BEZAHLT

AF152695

- Wir veröffentlichen Ihre Hausarbeit, Bachelor- und Masterarbeit

- Ihr eigenes eBook und Buch - weltweit in allen wichtigen Shops

- Verdienen Sie an jedem Verkauf

Jetzt bei www.GRIN.com hochladen und kostenlos publizieren

GRIN

Mario Müller

Südkoreas Aufstieg vom Entwicklungsland zur Industrienation

GRIN Verlag

Bibliografische Information der Deutschen Nationalbibliothek:

Die Deutsche Bibliothek verzeichnet diese Publikation in der Deutschen National-
bibliografie; detaillierte bibliografische Daten sind im Internet über http://dnb.d-
nb.de/ abrufbar.

Impressum:

Copyright © 2002 GRIN Verlag GmbH
Druck und Bindung: Books on Demand GmbH, Norderstedt Germany
ISBN: 978-3-638-75042-4

Dieses Buch bei GRIN:

http://www.grin.com/de/e-book/44149/suedkoreas-aufstieg-vom-entwicklungsland-
zur-industrienation

GRIN - Your knowledge has value

Der GRIN Verlag publiziert seit 1998 wissenschaftliche Arbeiten von Studenten, Hochschullehrern und anderen Akademikern als eBook und gedrucktes Buch. Die Verlagswebsite www.grin.com ist die ideale Plattform zur Veröffentlichung von Hausarbeiten, Abschlussarbeiten, wissenschaftlichen Aufsätzen, Dissertationen und Fachbüchern.

Besuchen Sie uns im Internet:

http://www.grin.com/

http://www.facebook.com/grincom

http://www.twitter.com/grin_com

Universität Erfurt
Philosophische Fakultät
Studium Fundamentale
Seminar: „Wie fern ist Fernost?"
Wintersemester 2001/2002

SÜDKOREAS AUFSTIEG VOM ENTWICKLUNGSLAND ZUR INDUSTRIENATION

vorgelegt am 25.2.2002

von Mario Müller

3. Fachsemester, KW / GW

Inhalt

1. EINLEITUNG 3

2. DIE ENTSTEHUNG KOREAS UND WIRTSCHAFTLICHE WURZELN

    2.1 Vor der Kolonialzeit 3
    2.2 Die Entwicklung unter kolonialer Herrschaft 5

3. DIE NEUE INDUSTRIENATION

    3.1 Die Teilung Koreas und die wirtschaftliche Krise 7
    3.2 Die Erste Koreanische Republik am amerikanischen Tropf 8
    3.3 Die Zweite Koreanische Republik 10
    3.4 Die Militärregierung der Dritten Koreanischen Republik
         und der Wirtschaftsboom

         3.4.1 Radikaler Rückschritt zwecks Fortschritts 11
         3.4.2 Neue Geldquellen 11
         3.4.3 Der Erste Fünfjahresplan 12
         3.4.4 Aufschwung durch Japan und den Vietnamkrieg 13
         3.4.5 Der Zweite und Dritte Fünfjahresplan 14

    3.5 Die Vierte Koreanische Republik 15
    3.6 Die Wende zur freien Marktwirtschaft 16

4. RESÜMEE UND AUSBLICK 17

    LITERATURVERZEICHNIS 18

1. Einleitung

Südkorea zählte einst zu den ärmsten Ländern der Welt. Noch im Jahre 1960 belegte es den 60. Platz unter den 74 wirtschaftlich am schlechtesten entwickelten Staaten der Erde[1]. Gerade deshalb ist es erstaunlich, dass sich dieses Land auf geradezu rasante Art und Weise zu einer Nation entwickeln konnte, die heutzutage fest auf dem Weltmarkt etabliert ist und in direkter Konkurrenz zu anderen Industrieländern steht.

Aber wie konnte es zu dieser Entwicklung kommen und wie ging sie vonstatten? Wie gelang es diesem Land, aus der Zerstörung und der Armut, welche der Koreakrieg mit sich brachte, neue Kraft zu schöpfen und sich zu einer mächtigen Wirtschaftsnation umzuwandeln? Das zu klären ist die Aufgabe dieser Hausarbeit.

Ich werde meinen Ausführungen einen Überblick über die Entstehung und Entwicklung Koreas bis hin zum Zweiten Weltkrieg voranstellen, was als Einführung in die allgemeine Historie und als Wissensgrundlage für die weiteren Ereignisse in diesem Land dienen soll. Daran schließt sich die Analyse der entscheidenden Faktoren, welche zum Wandel Südkoreas zum weltweit erfolgreichen Industrieland beitrugen.

Am Ende der Arbeit richte ich den Blick auf die aktuelle Wirtschaftssituation Südkoreas zu Beginn des 3. Jahrtausends.

Als Grundlage für mein Thema nutze ich Literatur zur wirtschaftlichen Entwicklung Koreas und im besonderen Südkoreas in deutscher und englischer Sprache, wobei Wilhelm Bürklins "Die vier kleinen Tiger" einen gelungenen Überblick über die Thematik liefert und daher hier gesondert hervorzuheben sei.

2. Die Entstehung Koreas und wirtschaftliche Wurzeln

2.1 Vor der Kolonialzeit

Nach zähen Stammeskämpfen, die vom 1. bis ins 3. Jahrhundert n. Chr. andauerten, bildeten sich die drei Reiche Koguryo im Norden, Silla im Südosten und Paechke im Südwesten der Halbinsel Korea. Durch die von China übernommene Schrift, den Konfuzianismus[2] und den Buddhismus blühte das Land kulturell auf.

---

[1] vgl. BÜRKLIN, WILHELM, Die vier kleinen Tiger. Die pazifische Herausforderung. Hongkong, Singapur, Taiwan, Südkorea, München 1993, S. 151.
[2] ethisch-polit. Lehre, fordert Vorbild, Weisheit des Herrschers und sittliche Vervollkommnung der Standesindividuen sowie Ahnenkult

Die Wang-Dynastie von 918 - 1392, begründet unter General Wang Kon, einte die Halbinsel. Von da an wurde das Königreich mit "Koryo" bezeichnet, woraus schließlich der Name "Korea" resultierte.

In der anschließenden bis 1910 andauernden Yi-Dynastie wurde der Konfuzianismus stark gefördert. Hauptstadt wurde Hanyang, das heutige Seoul.

Nachdem es bis zum Ende des 16. Jh. immer wieder zu Überfällen der Japaner und der Mandschuren[3] gekommen war, zwangen diese Korea um 1591 zur bedingungslosen Unterwerfung. Daraus folgte ab 1640 eine Abriegelung des Landes nach außen hin, die erst 1876 durch die von Japan erzwungene Öffnung von drei koreanischen Häfen gelockert wurde. Anders als in Japan herrschte in Korea offenbar nur geringes Interesse an moderner westlicher Technologie, man schottete sich weitgehend ab. Grenzüberschreitende Handelsbeziehungen gab es nur mit China und Japan, hauptsächlich basierend auf erzwungenen wirtschaftlichen Leistungen.[4]

Die Herrschaft der Yi-Dynastie war schwach, die Finanzlage war schlecht und das geringe Steueraufkommen stellte die Regierung immer wieder vor finanzielle Probleme. Die traditionell engen Verbindungen der Herrscher mit der koreanischen Adelsgesellschaft ließen der Regierung wenig Dynanik und verhinderten politische Veränderungen.[5]

Die Bevölkerung wuchs während der Yi-Dynastie von 5,5 Millionen Menschen im Jahre 1392 auf 16,9 Millionen im Jahre 1876 an[6], das Pro-Kopf-Einkommen stieg jedoch nur sehr langsam. Auf dem Landwirtschaftssektor begannen sich Fortschritte abzuzeichnen, die Produktivität konnte kontinuierlich gesteigert werden und erzielte sogar Überschüsse. Das war umso wichtiger, da mehr als 70 Prozent der Fläche Koreas landwirtschaftlich nicht nutzbar waren.[7]

Die Geldwirtschaft entwickelte sich nur sehr langsam und wurde von der Yi-Herrschaft nicht gefördert, da Steuereinnahmen lediglich aus der Landwirtschaft kamen und kommerzielle Aktivitäten nicht den konfuzianistischen Idealen entsprachen.[8]

Hohe Bedeutung jedoch maß der Konfuzianismus einer umfassenden Bildung bei. Besonders die einen großen Teil der Bevölkerung darstellende koreanische Oberschicht,

---

[3] Volk im Nordosten Chinas
[4] vgl. PILAT, DIRK, The Economics of Rapid Growth. The Experience of Japan and Korea, Hants, Brookfield 1994, S. 33 f.
[5] vgl. ebd., S. 34
[6] vgl. SONG, B-N., The Rise of the Korean Economy, New York 1990, zit. nach: PILAT 1994, S. 34
[7] vgl. PILAT 1994, S. 34
[8] vgl. KIM, BYOUNG-LO PHILO, Two Koreas in development. A comparative study of principles and strategies of capitalist and communist Third World development, New Brunswick 1992, S. 55.

die "Yangban", konnten von einem sehr gut ausgebauten Bildungssystem profitieren. Aber auch die übrige Bevölkerung wurde hierbei nicht ausgeklammert.[9] Gelang es Korea in den 1860er und 1870er Jahren noch, militärische Eingriffe Frankreichs und Amerikas abzuwehren, so sah sich das Land 1876 schließlich dazu gezwungen, mit Japan einen Handelsvertrag zu schließen, dessen Hauptanliegen es war, den Einfluss Chinas in Korea zu schwächen. Weitere Verträge mit westlichen Nationen folgten in den 1880er Jahren. [10]

Im Jahre 1894 kam es zum "Chinesisch-Japanischen Krieg", nachdem die koreanische Regierung chinesische Truppen zur Hilfe gerufen hatte, um einen Bauernaufstand niederzuschlagen. Japan intervenierte, chinesische und japanische Armee stießen aufeinander.[11]

2.2   Die Entwicklung unter kolonialer Herrschaft

Nach Verabschiedung des "Friedens von Shimonoseki" am 17.4.1895 war China gezwungen, die Unabhängigkeit Koreas anzuerkennen, was de facto jedoch die japanische Hegemonie über das Land bedeutete. Zwei Jahre später erfolgte Koreas Proklamation zum "Kaiserreich Tae Han", und am 22.8.1910 wurde Korea dann endgültig zum japanischen Generalgouvernement mit dem Namen "Chosen" ernannt.[12]

Während dieser Interimszeit von 1895 bis 1910 machte Japan beträchtliche Investitionen in die koreanische Wirtschaft. Wichtige Eisenbahnverbindungen von Seoul ins südliche Pusan sowie ins nördliche Sinuiju wurden 1896 fertiggestellt, japanische Banken eröffneten Filialen in Korea und als Zentralbank wurde 1909 die "Bank von Chosen" gegründet.

Die spätere wirtschaftliche Entwicklung Koreas wurde durch die japanische Kolonialherrschaft wesentlich geprägt. Japans Pläne mit Korea zielten zunächst darauf ab, neue Absatzmärkte zu erschließen und an Koreas Eisenerz- und Edelmetallvorkommen sowie an die Fischereirechte heranzukommen. Um dies zu erreichen, musste die traditionelle koreanische Gesellschaft der seit 1392 bestehenden Yi-Dynastie radikal gewandelt werden. Zunächst wurde das Regierungssystem verändert, die ursprüngliche Yangban-Adelsherrschaft wurde durch eine neue japanische bürokratische

---

[9] vgl. PILAT 1994, S. 34
[10] vgl. ebd., S. 35
[11] vgl. VERLAGSREDAKTION PLOETZ, Der kleine Ploetz. Hauptdaten der Weltgeschichte, Frechen [37]1999, S. 387.
[12] vgl. ebd.

Beamtenregierung abgelöst. Die japanische Währung wurde eingeführt[13] und das Königshaus verlor die Verwaltung über die Staatsfinanzen. Im Zuge der Reform des Rechtssystems wurden staatliche Beschränkungen des Handels, der Niederlassungs-, Berufs- und Reisefreiheit aufgehoben, welche unter der Yi-Herrschaft einst eingeführt worden waren, um den sozialen Aufstieg von Händlern, Kaufleuten und Industriellen zu unterbinden.[14]

Großer Wert wurde auch auf den umfassenden Ausbau der Infrastruktur gelegt. Das Eisenbahnnetz wurde erweitert, Häfen wurden ausgebaut und das Kommunikationsnetz wurde verbessert.[15]

Der wirtschaftliche Aufschwung durch den verstärkten Rohstoffabbau und den zunehmenden Warenhandel sicherte japanischen Unternehmen eine Monopolstellung im Im- und Export sowie in Koreas Bergbau.[16]

Nach der vollständigen Übernahme der Regierungsgeschäfte durch Japan im Jahre 1910 wurde beschlossen, den wirtschaftlichen Schwerpunkt von der Nutzung Koreas als Absatzmarkt und Rohstofflieferant auf die Landwirtschaft zu verlagern und Korea zum wichtigsten Reislieferanten Japans zu machen. Hierzu wurde der gesamte von der Yangban-Klasse verwaltete Landbesitz privatisiert und zu niedrigen Preisen an halbstaatliche Gesellschaften verkauft.[17] Auch die Textilindustrie wurde fortan stärker gefördert.[18]

Im letzten Abschnitt der japanischen Kolonialherrschaft von 1930 bis 1940 siedelten sich verstärkt Firmen der Schwerindustrie auf koreanischem Boden an, nachdem die japanische Regierung den Wettbewerb im eigenen Land infolge der Großen Depression der 1930er Jahre beschränkt hatte.[19] Das durchschnittliche jährliche Wirtschaftswachstum zwischen 1911 und 1939 betrug Schätzungen zufolge etwa 4 Prozent, im Bergbau und in der verarbeitenden Industrie sogar bis zu 10 Prozent.[20]

Bis zum Ende der japanischen Kolonialherrschaft 1945 wurde die Kontrolle der Wirtschaft durch die Regierung weiter ausgebaut, die Landwirtschaftserträge konnten weiter gesteigert werden und auch die chemische und die Schwerindustrie, welche ab 1939 besonders durch die Kriegsproduktion dominiert wurden, legten weiter zu. Im Vergleich zu anderen Kolonialmächten siedelten sehr viele Japaner selbst in die Kolonie über,

---

[13] vgl. PILAT 1994, S. 36
[14] vgl. BÜRKLIN 1993, S. 155 f.
[15] vgl. PILAT 1994, S. 36
[16] vgl. BÜRKLIN 1993, S. 156
[17] vgl. ebd.
[18] vgl. PILAT 1994, S. 36
[19] vgl. ebd.

sicherten sich in Korea die besten Grundstücke und wichtige Posten in den bedeutendsten Betrieben. Weitere Auswirkungen der Kolonialzeit in Korea waren eine gesunkene Sterberate sowie eine gestiegene Volksgesundheit und bessere Ausbildung.[21]

Korea stand am Ende des Zweiten Weltkrieges vor dem Wandel vom Agrarland zu einem Industrieland.

3. Die neue Industrienation

3.1 Die Teilung Koreas und die wirtschaftliche Krise

Auf der Konferenz von Jalta im Februar 1945 wurde von den Siegermächten des Zweiten Weltkrieges die Teilung Koreas in Nord- und Südkorea beschlossen, wobei der Norden an die Volksrepublik China fiel und Südkorea von amerikanischen Truppen besetzt wurde. Diese Teilung hatte weitreichende wirtschaftliche Auswirkungen. Denn während im Süden hauptsächlich Landwirtschaft angesiedelt war, befand sich im Norden fast die gesamte Bergbau- und Schwerindustrie. Auch wurde dort der meiste Strom erzeugt.[22]

Die japanische Niederlage im Zweiten Weltkrieg und die daraus resultierende Abkopplung von Korea bedeutete umgehende und rapide Verschlechterungen der koreanischen Wirtschaft. Korea verlor mit Japan seinen wichtigsten Zuliefer- und Absatzmarkt, alle japanischen Techniker, Wirtschaftsberater und Unternehmer verließen das Land. Da viele koreanische Großunternehmen von Japanern geleitet wurden, war der Schaden enorm, 40 Prozent aller Betriebe mussten schließen, die Wirtschaft kollabierte nahezu. Korea war ab sofort gezwungen, sich allein auf dem Weltmarkt zu behaupten, was aber zunächst nicht gelang. So war z.B. thailändischer Reis billiger und malayisches Erz besser als koreanisches.[23]

Die amerikanische Militärregierung versuchte mit Sofortprogrammen, einige der dringendsten Probleme in den Griff zu bekommen. Die Einfuhr von Lebensmitteln und die zielgerichtete Ausbildung von Arbeitskräften führten langsam zu einer Wiederaufnahme der industriellen Produktion.[24]

---

[20] vgl. BÜRKLIN 1993, S. 158
[21] vgl. PILAT 1994, S. 37
[22] vgl. ebd.
[23] vgl. ebd., S. 37 f.
[24] vgl. ebd., S. 38

3.2 Die Erste Koreanische Republik am amerikanischen Tropf

Die erste Regierung der 1948 gegründeten "Republik Korea"[25] unter Präsident Syngman Rhee war nicht in der Lage, die wirtschaftlichen Probleme zu lösen. Der Koreakrieg von 1950 bis 1953 verschlimmerte die Lage zusätzlich, änderte jedoch auch die strategischen Absichten der USA. Anfangs schätzten die Amerikaner Korea noch als strategisch eher unbedeutend ein und plädierten dafür, die Korea-Frage zu internationalisieren und die Einflüsse durch Drittstaaten zu minimieren. Die USA wollten die hohen Kosten der Militärstationierung und der enormen Wirtschaftshilfen nicht länger tragen. Als aber am 25.6.1950 die von der Sowjetunion ausgerüsteten chinesischen Truppen vom Norden her die Republik angriffen, änderten die USA ihre Haltung und erklärten mit der "Truman-Doktrin" ihr neues Ziel, den Hegemonialanspruch der Sowjetunion zurückzudrängen. Der Krieg verdeutlichte die strategische Bedeutung Südkoreas für die USA und veranlasste sie, das Land als Brückenkopf in Ostasien dauerhaft zu sichern. Dies wurde mit dem militärischen Beistandspakt vom 27.10.1953 besiegelt. Gleichzeitig begannen die USA, ihre Wirtschaftshilfen wieder aufzunehmen.[26]

Um die Bauindustrie dazu zu bewegen, das Land, in dem die Hälfte aller Industrieanlagen und Infrastruktureinrichtungen durch den Krieg zerstört wurde, wieder aufzubauen, erließ die koreanische Regierung zum Schutz der Unternehmen Zölle, Steuernachlässe, Importbeschränkungen- und Verbote sowie Kreditvergünstigungen. Amerika sicherte wirtschaftliche Hilfen im Werte von mehr als 1 Milliarde Dollar über mehrere Jahre hinweg zu. Diese Hilfslieferungen waren zum Teil auch Rohstoffe für einfache Veredelungsindustrien, und sie bildeten die Finanzierungsgrundlage für die Industrialisierungspolitik der koreanischen Regierung, da diese einen Teil der Lieferungen direkt wieder verkaufte, um dadurch an Firmen Subventionen zu zahlen und Kredite vergeben zu können. Ferner wurden damit entgangene Steuereinnahmen ausgeglichen und die öffentliche Verwaltung finanziert und damit insgesamt die Hälfte des gesamten Staatshaushaltes.[27]

1948 hatte es unter UN-Aufsicht die ersten freien Wahlen gegeben. Die gewählte Nationalversammlung erließ eine Verfassung, die denen westlicher Demokratien sehr ähnelte. Die Macht verteilte sich auf den Staatspräsidenten und die Nationalversammlung. Gemeinsam verfügten sie über den Staatshaushalt sowie über die Gesetzgebung, während dem Obersten Gerichtshof die Judikative oblag. Das koreanische Volk hatte mit

---

[25] = Südkorea
[26] vgl. BÜRKLIN 1993, S. 163 f.

demokratischen Einrichtungen jedoch noch keinerlei Erfahrung, Syngman Rhees "Nationale Partei zur Förderung der Unabhängigkeit Koreas" erhielt nur 55 von 200 Mandaten und konnte sich nur durch Rhees gute Beziehung zu den USA durchsetzen. In der Folge kam es immer wieder zu Konflikten mit kleineren Interessengruppen, ein starker Rückhalt in der Bevölkerung war nicht gegeben, was Rhee dazu veranlasste, sich zur Erhaltung seiner Macht mit den amerikanischen Militär- und Wirtschaftshilfen die Unterstützung der wichtigsten koreanischen Unternehmer zu erkaufen. So gelang es ihm z.b., die vornehmlich aus dem ländlichen Raum stammenden und dem Yangban-Adel angehörenden Anhänger der großen "Koreanischen Demokratischen Partei" auf seine Seite zu holen. Er zahlte ihnen hohe Entschädigungen für die Durchführung der von den Amerikanern geforderten Landreform. Der Yangban-Adel, welcher durch die Entkolonialisierung wieder erstarkt war, gab daraufhin seinen Grundbesitz auf und verlagerte seine Geschäfte fortan auf die Industriebetriebe in den Städten.[28] Weitere Maßnahmen, Unternehmer an sich zu binden, waren die gezielte Vergabe staatlicher Importlizenzen, Subventionen, Kredite und Devisen.[29]

Die Unterstützung der staatlichen Bürokratie sicherte sich Rhee, indem er die bisherige Praxis, Teile der US-Hilfslieferungen zur Selbstfinanzierung weiterzuverkaufen, weiterhin zuließ. Die Amerikaner wollten dies unterbinden, sie forderten einen Minister, der die Verteilung der Hilfen koordinieren sollte. Diesen setzte Rhee dann unter US-Druck auch ein, ließ ihn aber schon bald wegen angeblichen Korruptionsverdachts verhaften, um das alte System weiter fortführen zu können und die Beamtenschaft hinter sich zu scharen. Ähnlich sicherte er sich die Loyalität der Armee, welche während des Koreakrieges massiv aufgerüstet worden war und entprechend enorme Hilfslieferungen erhielt. Diese Hilfen verteilte er persönlich an hohe Offiziere und überließ ihnen wiederum die Weiterverteilung nach unten, wodurch sich ein festes Loyalitätsverhältnis bildete. Die von den USA geforderten Kontrollen zur Eindämmung des Schwarzmarktes wurden von der Regierung bewusst sehr locker gehandhabt und waren faktisch ohne Wirkung, um das Militär nicht zu verärgern.[30]

Der starken linken Opposition innerhalb der Nationalversammlung konnte Rhee nur mit regelmäßigen Verfassungsverletzungen Einhalt gebieten. Große Abschreckung bewirkte beispielsweise die Hinrichtung von Cho Pong Am, Rhees schärfstem Konkurrenten während der Präsidentschaftswahlkämpfe von 1952 und 1956. Ihm wurde verräterische

---

[27] vgl. ebd., S. 165 f.
[28] vgl. ebd., S. 167 f.
[29] vgl. ebd., S. 169
[30] vgl. ebd., S. 168

Zusammenarbeit mit Nordkoreas Kommunisten vorgeworfen, jedoch war die Beweislage absolut vage. Massive Wahlfälschungen sowie die blutige Niederschlagung eines Studentenprotestes im Jahre 1960 bedeuteten für Rhee den Verlust jeglichen Rückhalts in der Bevölkerung. Unter zusätzlichem Druck aus Amerika trat er schließlich zurück. Statt der Etablierung einer Marktwirtschaft hatte die Regierung ein System zur Bereicherung durch Entwicklungshilfe errichtet.[31]

3.3 Die Zweite Koreanische Republik

Syngman Rhees Nachfolger Chang Myon wollte mit einer grundlegenden Verfassungsreform die Wirtschaftslage festigen, verlor jedoch durch seine Reformen die Regierungsfähigkeit. Die politische Macht wurde dezentralisiert, die demokratische Beteiligung des Volkes gefördert. Dadurch, dass Parlament, Regierung und Gerichtsbarkeit jetzt mit weitreichenden Kompetenzen ausgestattet wurden, konnten sie sich gegenseitig bei der politischen Arbeit kontrollieren und behindern. Die Wiedereinführung der Versammlungs-, Rede-, Presse- und Organisationsfreiheit sowie des Schutzes des Parteiwesens ermutigten weite Teile der Bevölkerung zum Protest. Besonders Studenten, die unter der Regierung Rhees gelitten hatten, forderten einen vollständigen Umsturz des alten Systems und einen generellen Neuanfang, was Chang allerdings in keiner Weise durchsetzen konnte, da die Anhänger seiner Demokratischen Partei ebenfalls meist aus der bürgerlichen Elite stammten, teilweise sogar aus Rhees früherer Partei übergewechselt waren und daher kein Interesse an radikalen politischen Änderungen hatten. Es kam zu zahlreichen Demonstrationen, derer Chang nicht Herr werden konnte, hatte er doch die amerikanischen Forderungen nach Kontrolle der Hilfsgüterverteilung erfüllt und damit die Armee, Polizei und Verwaltung nicht mehr hinter sich. Er ließ einen Großteil der Sicherheitspolizei abschaffen, was aber nicht genügte, die Studenten zu beruhigen. Stattdessen ließ die Moral innerhalb der Sicherheitskräfte nach, die öffentliche Ordnung geriet außer Kontrolle, die Regierung war am Ende.[32]

---

[31] vgl. ebd., S. 170 f.
[32] vgl. ebd., S. 174 ff.

3.4 Die Militärregierung der Dritten Koreanischen Republik und der Wirtschaftsboom

3.4.1 Radikaler Rückschritt zwecks Fortschritts

Durch den Putsch des Militärs am 16.5.1961 wurde Südkoreas Führungsschicht endlich wirkungsvoll ausgetauscht. Junge Offiziere, die zum Großteil der sozialen Unterschicht entstammten, kritisierten die gesellschaftlichen Eliten und hatten ob des angedrohten Stellenabbaus in der Armee berufliche Zukunftsängste. Unter der Führung von Generalmajor Park Chung Hee läuteten sie mit dem Sturz der demokratischen Regierung eine Zeit des wirtschaftlichen Aufschwungs ein. Park war der Ansicht, dass es dem Land nur besser gehen könne, wenn es gelänge, wirtschaftlich auf eigenen Füßen zu stehen. Er strebte eine Unabhängigkeit vom Ausland an und unterschied sich damit deutlich von Rhee, welcher seine Politik auf die Hilfen der Amerikaner begründet hatte. Zur Durchsetzung seiner Reformen zur Bekämpfung der Armut und zum ökonomischen Wiederaufbau, den er als entscheidenden Faktor im Kampf gegen die kommunistische Bedrohung sah, hielt Park es jedoch für notwendig, die politischen Freiheiten wieder einzuschränken und schuf dazu das "Gesetz für Außerordentliche Maßnahmen während des Nationalen Wiederaufbaus". Zunächst wurden Exekutive, Legislative und Teile der Judikativen zum "Obersten Rat für den Nationalen Wiederaufbau" (ORNW) unter Vorsitz Parks zusammengefasst. Zur Ausschaltung der Opposition wurden alle Parteien und politischen Organisationen verboten, die Mitglieder der Vorgängerregierung wurden unter Arrest gestellt. Der neu geschaffene Nachrichtengeheimdienst "KCIA"[33] kontrollierte alle polizeilichen Maßnahmen und wurde innerhalb kurzer Zeit zum wichtigsten Machtinstrument der Regierung.[34] Durch Parks Maßnahmen konnten die "Chaebol", die bereits unter der Rhee-Regierung entstandenen ersten großen koreanischen Industrievereinigungen, enorm wachsen und ihre Produktivität in großem Maße steigern.[35]

3.4.2 Neue Geldquellen

Aufgrund der zunächst noch immer schwachen Konjunktur war eine Finanzierung des Staatshaushaltes allein durch Steuern nicht möglich. Die neuen reformorientierten Führer

---

[33] = Korean Central Intelligence Agency
[34] vgl. BÜRKLIN 1993, S. 177 ff.

lehnten Bündnisse mit der Unternehmerschaft aus ideologischen Gründen ab und forcierten stattdessen eine neue Koalition mit den USA. Die neuen Wirtschaftshilfen knüpften die Amerikaner an die Bedingung, die Demokratisierung weiter voranzutreiben und die individuellen Freiheitsrechte zu garantieren, was beispielsweise dazu führte, dass Park Tausende von Gefangenen freiließ und versicherte, im Jahre 1963 die Militärregierung wieder in eine Zivilregierung umzuwandeln. Weitere Geldmittel versprach man sich von der stabilitätspolitisch riskanten Erhöhung der Geldmenge und von zwielichtigen Geschäften der KCIA, die z.B. die zollfreie Einfuhr japanischer Autos und Spielautomaten und deren anschließenden Verkauf zu Inlandspreisen zuließ sowie Manipulationen an der Börse durchführte. Die ursprünglich zur Bekämpfung der Korruption angetretene Regierung büßte nach Aufdeckung dieser Finanzskandale deutlich an Glaubwürdigkeit ein. Auch mit den Amerikanern taten sich neue Probleme auf, als Park 1963 verlauten ließ, die Militärregierung weitere 4 Jahre fortsetzen zu wollen, da noch kein Ende der wirtschaftlichen Schwierigkeiten abzusehen sei. Als US-Präsident Kennedy daraufhin drohte, einen bereits angekündigten Kredit über 25 Mio. US-Dollar zu streichen, musste Park einlenken und ebnete den Weg für demokratische Wahlen, aus denen er geschwächt hervorging. Sein Konkurrent der stark behinderten Opposition, Yun Po Sun, lag nur knapp hinter ihm.[36]

3.4.3   Der erste Fünfjahresplan

Der knappe Wahlsieg spornte die Regierung Park an, einen radikalen Wirtschaftsplan aufzustellen, welcher durch ökonomische Anreize den Export fördern sollte. Der Erste Fünfjahresplan[37] wurde zusammen mit Beratern der Weltbank, der deutschen und der amerikanischen Regierung sowie der U.S. „Agency for International Development" entwickelt. Ein neues Wirtschaftsplanungsamt wurde geschaffen, um alle wirtschaftspolitischen Aktivitäten zentral koordinieren zu können. Unter dem Vorsitz Parks fanden monatliche Treffen zwischen Wirtschaftspolitikern und Vertretern der Unternehmerschaft statt, um geplante Maßnahmen der Regierung anzukündigen und Anregungen über weitere Förderungsmöglichkeiten zu diskutieren. Durch Investitionsanreize wie Steuervergünstigungen, Importzoll-Befreiung sowie Finanzhilfen für das Exportgeschäft wie günstige Kredite und ermäßigte Energie- und Transport-Tarife förderte die Regierung die Erschließung neuer Exportmärkte und das Engagement

---

[35] vgl. ebd., S. 172
[36] vgl. ebd., S. 180 ff.

ausländischer Investoren in Korea. Außerdem wurden spezielle Institutionen zur Förderung der Exportproduktion eingerichtet. Die Subventionspolitik und die mehrfache Abwertung der koreanischen Währung ließ die Preise für Produkte aus Südkorea auf dem Weltmarkt sinken und die Nachfrage danach erhöhen.[38]

3.4.4   Aufschwung durch Japan und den Vietnamkrieg

Die stetigen Kürzungen der amerikanischen Wirtschaftshilfen veranlassten die Regierung Park, mit Japan Gespräche über gegenseitige wirtschaftliche Beziehungen aufzunehmen. Vorbehalte gegenüber der ehemaligen Kolonialmacht sowie starke Proteste aus der Opposition und aus studentischen Kreisen konnten den Vertrag über die Zusammenarbeit beider Staaten nicht verhindern. Er wurde im August 1965 unterzeichnet. Korea reduzierte die Reparationsforderungen an Japan, und Japan sicherte Kredite sowie umfangreiche finanzielle und materielle Hilfe zu. Japan war daran interessiert, Korea als Absatzmarkt zu nutzen und im Vergleich zum eigenen Land billigere Arbeitskräfte rekrutieren zu können. Den Japanern kamen dabei ihre Erfahrungen aus der Kolonialzeit zugute. Es profitierten also beide Länder von dieser Annäherung, welche auch von der US-Regierung sehr begrüßt wurde.[39]

Mit der Entsendung von insgesamt 40.000 Soldaten zur Unterstützung der amerikanischen Truppen im Vietnamkrieg nutzte Südkorea 1966 die Chance auf neue umfangreiche Hilfen aus den USA. Ein großer Teil dieser Leistungen kam den koreanischen Streitkräften zugute. Weiterhin war u.a. vorgesehen, dass Ausrüstungsgüter sowohl für koreanische als auch für amerikanische Truppen auf dem koreanischen Markt gekauft und mit Dollar bezahlt werden sollten, und die USA sollten die Teilnahme koreanischer Unternehmen am Wiederaufbau Vietnams unterstützen. Das erneute Engagement der USA für Südkorea hatte zusätzlich den Effekt, dass jetzt auch weitere westliche Staaten bereit waren, in großem Stil Kredite an Südkorea zu vergeben bzw. sich direkt selbst wirtschaftlich einzubringen. Das alles ließ die Wirtschaft boomen und trieb die jährliche Wachstumsrate zwischen 1966 und 1969 auf 11 Prozent, im produzierenden Gewerbe sogar auf 21,9 Prozent. Die Förderung des Auslandsexports versechsfachte die Ausfuhren innerhalb von 4 Jahren. Somit wurde der Erste Fünfjahresplan nicht nur erfüllt, die Erwartungen wurden sogar weit übertroffen. Das wiederum stabilisierte die

---

[37] 1962-1966
[38] vgl. BÜRKLIN 1993, S. 183 ff.
[39] vgl. ebd., S. 186 ff.

Regierung samt Verwaltung, Militär und Polizeiapparat dermaßen, dass sie die Wahlen von 1967 mit deutlichem Vorsprung gewinnen konnte.[40]

3.4.5 Der Zweite und Dritte Fünfjahresplan

Anstatt sich weiterhin auf die Festlegung wirtschaftlicher Rahmenbedingungen zu beschränken, ging die Regierung Park mit dem sehr erfolgreichen Zweiten Fünfjahresplan wesentlich weiter und griff teilweise direkt in die Entscheidungsprozesse der wichtigsten Unternehmen ein, welche nach der Enteignung der japanischen Kolonialherrscher verstaatlicht worden waren. Entsprechend gespannt war das Verhältnis zwischen Regierung und Unternehmertum.[41]

Die Verstaatlichung der Banken und des Kreditwesen trug ein Weiteres dazu bei, Kontrolle über Firmen auszuüben, da nun der Staat über die Vergabe von Krediten entschied. Das Problem der enormen staatlichen Einflüsse auf die Wirtschaft war nunmehr die damit einhergehende steigende Korruption, wie sie bereits der Regierung Rhee zum Verhängnis wurde. Ein Kurswandel hin zu einer stärkeren Marktorientierung war vonnöten, zumal sich die USA Ende der 1960er Jahre von Korea abzuwenden begannen und im Rahmen einer neuen Entspannungspolitik Annäherung an China suchten. Mit Veröffentlichung der "Nixon-Doktrin" kündigten die USA an, ihren militärischen Beistand deutlich zurückzufahren und ihre Truppen aus Südkorea abzuziehen. Der Truppenabzug steigerte nicht nur die militärische Instabilität sondern brachte auch finanzielle Einbußen mit sich, da der wirtschaftliche Beitrag des US-Militärs bei jährlich 250 Millionen Dollar gelegen hatte. Die Einnahmen aus dem Vietnamkrieg gingen mit dessen Ende ebenfalls zur Neige, und die Rückkehr der koreanischen Soldaten und in Vietnam eingesetzten Angestellten ließ die Arbeitslosenquote enorm ansteigen. Verschärfend kam hinzu, dass die USA 1971 sämtliche Hilfslieferungen einstellten und sogar Importquoten auf koreanische Textilien erließen, was dem Dritten Fünfjahresplan Mindereinnahmen von 840 Mio. Dollar bescherte und das Land schließlich in die Rezession führte.[42]

Eine weitere Belastung der Staatskasse wurde durch die Kreditwirtschaft verursacht. Nachdem koreanische Firmen sich immer mehr verschuldeten und ausländische Kredite nicht mehr zurückzahlen konnten, verschärfte der Internationale Währungsfonds die Regeln zur Kreditvergabe. Fortan reichte die Rückzahlungsgarantie der koreanischen Regierung allein nicht mehr aus, Firmen mussten jetzt intensiv auf ihre Kreditwürdigkeit

---

[40] vgl. ebd., S. 188 f.
[41] vgl. ebd., S. 191

geprüft werden. Dies führte auch zu einer effizienteren Budgetierung in den Unternehmen, reduzierte die Zahl der Firmenpleiten und verbesserte die Konkurrenzfähigkeit.[43]

Die Wahl zur von Park entgegen der Verfassung und unter Ausschluss der Opposition durchgesetzten dritten Amtszeit konnte dieser 1971 nur durch massive Wahlfälschungen gewinnen. Die Opposition protestierte heftig, die innenpolitische Krise weitete sich aus. Die Gewerkschaften erhielten regen Zulauf, angesichts der sich immer mehr verschlimmernden Wirtschaftslage wollte jeder seinen Besitzstand sichern. Um die Macht nicht zu verlieren und die Konkurrenzfähigkeit Koreas auf dem Weltmarkt zu erhalten, ließ Park hart durchgreifen, beschränkte den Einfluss der oppositionellen Gruppen und schloss Bündnisse mit in- und ausländischen Unternehmern.[44]

3.5   Die Vierte Koreanische Republik

Die Ausrufung des Notstandes im Dezember 1971 und schließlich die Verhängung des Kriegsrechtes am 17.10.1972 hielt Park für nötig, um die politische Opposition ruhig zu stellen und die Verfassung grundlegend erneuern zu können. Die neue "Yushin"-Verfassung der Vierten Koreanischen Republik gab dem Präsidenten mehr Macht, die Nationalversammlung wurde durch eine "Nationalkonferenz für die Wiedervereinigung" abgelöst, welcher nur Bürger angehören durften, die zuvor in keiner Partei waren. Mit einer Reihe von Notstandsgesetzen wurde jegliche Opposition verboten. Um das oberste Ziel, die Absicherung der Konkurrenzfähigkeit der koreanischen Wirtschaft auf dem Weltmarkt, zu erreichen, wurden auch die Arbeits- und Gewerkschaftsgesetze so geändert, dass die Regierung maximalen Einfluss auf alle wichtigen Entscheidungen bis hin zu Tarifverhandlungen innerhalb der Gewerkschaften hatte. Selbst das in der Verfassung verankerte Streikrecht wurde schließlich beschränkt. Dies führte dazu, dass in den Folgejahren nahezu keine Arbeitskonflikte registriert wurden. Durch die Steuerung des Lohnniveaus und der Arbeitskosten konnte Südkorea seine Produkte auf dem Weltmarkt günstiger als die asiatische Konkurrenz anbieten.[45]

Um Südkorea von Importen unabhängiger zu machen, verlagerte die Regierung ihre Förderungsschwerpunkte auf den Ausbau der chemischen und der Schwerindustrie, die nun durch spezifische Subventionen, Senkung der Energie- und Wassertarife,

---

[42] vgl. ebd., S. 192 ff.
[43] vgl. ebd., S. 195
[44] vgl. ebd., S. 196 f.
[45] vgl. ebd., S. 201

Sonderkonditionen für Kredite sowie Zollvergünstigungen und Steueranreize unterstützt wurden. Infolgedessen entstanden viele neue Firmen in diesem Sektor, dessen Anteil an der gesamten Fertigungsindustrie zwischen 1970 und 1983 von 11,9 auf 27,9 Prozent anstieg. Auch die Anzahl der Beschäftigten nahm in diesem Bereich deutlich zu. Jedoch hatte das verstärkte Engagement in der Schwer- und chemischen Industrie erhebliche Einbrüche in anderen Sektoren zur Folge. Während die staatlich subventionierten Großunternehmen der Schwerindustrie den Markt beherrschen konnten, mussten weite Teile des Mittelstandes ums Überleben kämpfen. Und das Bank- und Finanzwesen litt immer mehr unter der verstaatlichten Kreditvergabe.[46]

3.6 Die Wende zur freien Marktwirtschaft

Die mit den intensiven politischen Eingriffen in die Wirtschaft einhergehenden Probleme senkten die Wachstumsrate schließlich auf minus 4,8 Prozent im Jahre 1980 und veranlassten die Regierung zum wirtschaftspolitischen Umdenken. Selbst innerhalb der Regierung regte sich Widerstand gegen Park, welcher schließlich am 26.10.1979 von seinem eigenen Geheimdienstchef ermordet wurde.[47]

Die neue Regierung unter Chun Doo Hwan stammte zwar ebenfalls aus militärischen Kreisen, begann aber 1980 umgehend mit der wirtschaftspolitischen Liberalisierung Südkoreas, indem u.a. die staatlichen Subventionen und Importzölle reduziert wurden und die Privatisierung des Bankenwesen eingeleitet wurde.[48]

Die Verfassung wurde 1987 komplett geändert und sah jetzt ein pluralistisches Parteiensystem mit eingeschränkter Macht des Präsidenten vor. Weiterhin sicherte sie die Grundrechte ausdrücklich ab und die Gewerkschaften bekamen das Recht auf gemeinsame Verhandlungen. Besonders deutlich aber wurde der Aufbruch zu Demokratie und Marktwirtschaft durch den freiwilligen Rücktritt General Hwans nach Verabschiedung der neuen Verfassung. Sein Nachfolger Roh Tae Woo setzte die Politik mit ruhiger Hand fort, die Regierung griff nicht mehr in Tarifverhandlungen ein, der Aufschwung zur Marktwirtschaft war erreicht, und Südkorea entwickelte sich zu einer modernen Industrienation nach westlichem Vorbild.

---

[46] vgl. ebd., S. 203 ff.
[47] vgl. ebd., S. 206

4. Resümee und Ausblick

Die wirtschaftliche Entwicklung Südkoreas war keine Einbahnstraße, in der es stets bergauf ging. Das Land hatte immer wieder mit Rückschlägen zu kämpfen und war lange Zeit abhängig von ausländischem Kapital, sei es durch Hilfslieferungen oder Kredite. Verschiedene Formen der politischen Machtausübung wurden zwangsläufig auf ihre Effizienz getestet, wobei der wirtschaftliche Aufschwung des Landes immer oberste Priorität hatte. Die Ansichten, wie dieser zu erreichen sei, gingen teilweise weit auseinander, jedoch übte bis Ende der 1970er Jahre jede Regierung massiv direkte Einflüsse auf die Wirtschaft aus, besonders Generalmajor Park Chung Hee machte den "starken Staat" zum Hauptakteur in der Wirtschaft Südkoreas.

Nach der zeitweisen Abkehr von der auf den Export orientierten Wirtschaft besann man sich Mitte der 1980er Jahre wieder auf die eigenen Stärken, setzte die Prioritäten wieder auf den Export und begann mit einer umfassenden demokratischen und marktwirtschaftlichen Umorientierung, welche durch die ordnungspolitischen Reformen Ende der 1980er Jahre einen dauerhaften und festen Rahmen erhielt. Der 6. Fünfjahresplan führte 1986 sogar erstmals zu einem Überschuss der Handelsbilanz, und koreanische Firmen begannen, im Ausland zu investieren, wie z.B. die Autohersteller Daewoo und Hyundai[49].

Seit 1996 ist Südkorea Mitglied der OECD. Es gehört zu den wichtigsten Industrie- und Dienstleistungsnationen der Welt und dürfte auch in Zukunft in der Rangfolge der größten Volkswirtschaften weiter nach oben klettern.

Die 1997 einsetzende Wirtschaftskrise in Asien machte auch Korea schwer zu schaffen. Das Land hat aber weiterhin enormes Wachstumspotential und bietet ausländischen Investoren damit einen zukunftsträchtigen Markt.

Die Flexibilität und die Fähigkeit, schnell und umfassend auf wirtschaftliche Probleme und Strukturveränderungen zu reagieren, brachten für Südkorea einen entscheidenden Vorteil bei der kontinuierlichen Entwicklung zur modernen Industrienation und werden auch in Zukunft maßgebend sein.

---

[48] vgl. ebd., S. 207
[49] vgl. http://home.t-online.de/home/guenterjoachim.koch/korea.htm, 16.2.2002

Literaturverzeichnis

BÜRKLIN, WILHELM, Die vier kleinen Tiger. Die pazifische Herausforderung. Hongkong, Singapur, Taiwan, Südkorea, München 1993.

KIM, BYOUNG-LO PHILO, Two Koreas in development. A comparative study of principles and strategies of capitalist and communist Third World development, New Brunswick 1992.

PILAT, DIRK, The Economics of Rapid Growth. The Experience of Japan and Korea, Hants, Brookfield 1994.

VERLAGSREDAKTION PLOETZ, Der kleine Ploetz. Hauptdaten der Weltgeschichte, Frechen [37]1999.

Internetquelle:

http://home.t-online.de/home/guenterjoachim.koch/korea.htm, 16.2.2002.